R ©

33596

# COURS DE CHIMIE

## APPLIQUÉE AUX ARTS,

ou

Analyse du Cours de *Chimie industrielle* professé
au Conservatoire des Arts et Metiers,

PAR M. CLÉMENT-DESORMES;

RECUEILLI PAR UN AUDITEUR.

PREMIER VOLUME.

## GÉNÉRALITÉS.

PARIS,
CHEZ BACHELIER, LIBRAIRE-ÉDITEUR,
QUAI DES AUGUSTINS, N° 55.

1829

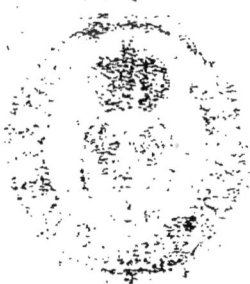

# AVIS.

—

Dans l'intérêt des arts chimiques, nous avons cru devoir recueillir les leçons du Cours de M. Clément-Desormes. Les chimistes et les manufacturiers nous sauront gré de leur avoir procuré le moyen de connaître les principes adoptés par ce célèbre professeur, dans une science qui est la cause des progrès qui se manifestent journellement dans leurs laboratoires et leurs fabriques. Nous ne pouvons que leur offrir une analyse, parce que nous ne *sténographions* pas ses leçons, et que nous nous contentons seulement de prendre des notes sur les parties les plus essentielles, les plus remarquables, et de les mettre ensuite en ordre. Comme la parole est très fugitive, et qu'il est impossible de suivre le professeur dans ses développemens, nous ne promettons pas de présenter un ensemble parfait, nous n'en avons pas même la prétention, et nous prenons sous notre propre responsabilité les erreurs ou les fautes que notre mémoire ou notre plume nous ferait commettre.

Dans l'état actuel de la jurisprudence sur la faculté qu'ont ou que n'ont pas les *sténographes*, de recueillir textuellement les paroles du professeur, nous avons cru délicat de nous *abstenir*, et de nous contenter de simples notes; c'est leur réunion que nous offrons ici, et c'est au lecteur à voir si nous nous trompons quand nous pensons que c'est faire une chose utile que de donner l'analyse d'un pareil cours.

Le Cours sera publié par cahiers renfermant chacun trois leçons.

# COURS DE CHIMIE

## APPLIQUÉE AUX ARTS,

ou

## Analyse des Leçons de M. CLÉMENT-DESORMES, recueillies par un Auditeur.

———

(Extrait du *Recueil industriel*, *manufacturier... et des Beaux-Arts*; rédigé par M. de Moléon, ancien élève de l'École Polytechnique.) (1).

———◦◦◦◦◦———

### PREMIÈRE LEÇON.

Sommaire. — Introduction. — Programme du Cours. — *De l'éclairage par les corps gras.*

M. Clément-Desormes a ouvert, le 5 janvier 1828, son Cours de Chimie appliquée aux arts, par une courte introduction, dans laquelle il a établi les limites qui séparent les applications de cette science, de la partie philosophique et purement spéculative, dont elles ne sont que le complément. Il a fait observer que, quoique la connaissance de la théorie soit nécessaire pour bien en

---

(1) On souscrit au Bureau du *Recueil. industriel*, rue Taitbout, n° 6. Le prix de la souscription, pour 12 livraisons, ornées de 48 planches gravées, est, pour un an, et pour Paris, de 30 fr.; pour les départemens, 36 fr. (franc de port); et pour l'étranger, 42 fr.

I

comprendre les applications, ces dernières ne ré-
clament cependant pas une aussi grande tension
d'esprit, ni autant d'efforts d'imagination.

Faisant ensuite remarquer le vaste champ que
la partie positive de la Chimie offrait encore à ses
investigations, le professeur, aussi modeste que
savant, a déclaré qu'il n'avait pas la prétention de
l'explorer entièrement, mais qu'il se bornerait à
décrire les procédés qui, déjà sanctionnés par l'expérience, sont le plus généralement applicables et
à établir les principes sur lesquels ils sont basés.

Après, il a présenté le programme de son cours,
qui se divise en deux grandes sections, les *généra-
lités* et les *spécialités*.

La première section sera professée tous les ans,
tandis que la seconde, subdivisée en deux parties,
sera l'objet de l'enseignement pendant deux années successives.

## PREMIÈRE SECTION.

### *Généralités.*

*Éclairage* { par les corps gras.
par le gaz { des corps gras.
de la houille.

### *Chaleur.*

Étude de la combustion en général. — Valeur
calorifique des combustibles usuels. — Principes
pour la construction des fourneaux.

Partie chimique. Combustion du charbon dans
l'air.

Partie mécanique. Entretien d'un foyer { en charbon.
Cheminées, soufflets. { en air.

Emploi de la chaleur des fourneaux. — Fourneaux à basse température. — Chauffage d'eau, vaporisation d'eau. — Chaudières, etc.

Production de la vapeur, son mouvement, sa condensation. — Emploi de la vapeur directe et indirecte.

Production de la puissance mécanique par la vapeur. — Théorie. — Application aux machines à vapeur; leur utilité, leurs résultats économiques. — Améliorations possibles.

Puissance mécanique des autres vapeurs. — Des gaz. — Distillation. — Évaporation. — Chauffage des habitations. — Froid.

*Air atmosphérique.* — Vide. — Hygrométrie. — Salubrité.

*Eau.* — Épuration. — Dissolvans. — Cascade chimique.

### DEUXIÈME SECTION.

#### Spécialités. Ire Année.

#### Substances inorganiques.

Oxigène. — Azote. — Hydrogène. — Soufre. — Phosphore. — Iode. — Chlore. — Chlorure de chaux. — Charbon de bois.

Fonte de fer. — Fer. — Acier. — Cuivre. — Plomb. — Étain. — Zinc. — Mercure. — Platine. — Argent. — Or.

Soude. — Potasse. — Verrerie. — Poterie.

Couleurs. — Céruse. — Ocres, etc.

Chaux. — Mortiers. — Cimens.

Acide carbonique; — sulfurique; — nitrique; — muriatique.

Carbonate de potasse; — de soude; — de chaux, etc. — Borax.

Sulfate de potasse; — de soude; — de fer. — Alun, etc.

Nitrates. — Chlorates. — Arseniates. — Chromates.

## IIᵉ Année.

### Substances organiques.

Agens de la végétation. — Germination. — Accroissement. — Maturation.

Produits. — Grains. — Fourrages. — Fruits. — Leur conservation.

Amidon. — Sucre de cannes; — de betteraves. — Huile. — Cire.

Fermentation. — Vins. — Bière. — Cidre.

Distillation. — Liqueurs.

Papier. — Blanchiment du lin et du coton.

Gélatine. — Suif. — Lait. — Fromage. — Tannerie. — Hongroierie.

Teinture sur fil; — coton; — laine; — soie. — Indiennerie.

Produits animaux. — Charbon animal. — Prussiates.

Après l'exposition du plan des études qui for-

meront son cours, M. Clément-Desormes est, de
suite entré en matière.

### De l'éclairage.

L'éclairage est un art de la plus haute impor-
tance , non-seulement pour l'économie domes-
tique, mais aussi pour les manufactures nombreu-
ses qui sont uniquement consacrées à la fabrication
des appareils et des substances destinés à la production de la lumière.

A Paris seulement, cet objet absorbe annuelle-
ment une somme de 10 à 12 millions de francs.
Cette évaluation pourra servir à donner une idée
de la masse de capitaux qu'il met en circulation
sur toute la surface de la France, et qui servent à
alimenter un grand nombre d'industries différentes.

Dans l'état actuel de nos connaissances, la lumière artificielle dont on fait usage est toujours le
résultat de la combustion. Il est donc important
de rechercher quelles sont les circonstances néces-
saires pour que la combustion produise la plus
grande quantité de lumière.

La théorie de la combustion est bien connue,
et l'on sait qu'elle est le résultat de la combinaison
de l'un des élémens de l'air nommé *oxigène* , avec
certains corps que l'on désigne sous le nom de
*combustibles*.

La combustion est ordinairement accompagnée
d'un dégagement de calorique et de lumière; cependant, elle a quelquefois lieu dans des circons-

tances telles, que ce dégagement est nul, ou du moins si faible, qu'il n'affecte pas sensiblement nos organes.

La combustion des corps gras développe une grande quantité de lumière, et ils sont ordinairement employés pour l'éclairage, parce qu'à cette propriété, ils réunissent encore les différentes conditions auxquelles un corps combustible doit satisfaire pour pouvoir être utilement consacré à cet usage.

Il faut, pour obtenir la plus grande quantité de lumière, élever autant que possible la température du corps en combustion; car la lumière dégagée n'est pas en proportion avec la quantité de chaleur produite, mais bien avec l'élévation de la température.

Pour mieux établir et faire comprendre davantage cette proposition, M. Clément a rapporté les expériences suivantes :

Si l'on fait brûler dans un appareil bien connu, et appelé *calorimètre*, un kilogramme ou une livre de charbon, il réduira en eau, par sa combustion, une quantité de glace dont le poids égalera de 80 à 90 fois celui du charbon. Cet effet aura lieu tout aussi bien si la combustion se fait très lentement, et de façon à n'être presque pas visible au jour, que si elle se fait d'une manière rapide, et qui alors développera une grande quantité de lumière.

La combustion de l'alcool présente le même phénomène.

Il existe des lampes à esprit-de-vin, dans lesquelles la mèche, entourée d'un fil de platine contourné en spirale, ne produit qu'une flamme presque invisible au jour, quoique le fil de platine soit incandescent, tandis que, dans d'autres appareils construits différemment, la combustion de l'alcool dégage une vive lumière. Dans l'un et l'autre cas, la combustion de quantités égales d'alcool aura produit une même quantité de calorique, tandis que la production de la lumière aura été presque nulle dans le premier appareil, et très grande dans le second.

Il résulte donc évidemment de ces expériences, que la lumière n'est pas en proportion avec le calorique dégagé, mais bien avec l'élévation de la température; et que, plus la température est haute, plus il y a de lumière produite.

Le volume de la flamme subit l'influence de la pression atmosphérique. Une bougie allumée sur le sommet d'une montagne donne une flamme plus grande que celle que nous sommes habitués à voir dans les lieux bas, comme les vallées ou le bord de la mer. Cette expérience a été faite sur le Mont-Blanc, et il a été constaté qu'à cette hauteur la flamme acquérait un volume considérable.

Mais la vivacité de la lumière diminue proportionnellement à cette augmentation; car la température étant en raison inverse du volume de la flamme, plus elle est grande, moins la température est élevée, et moins aussi il y a de lumière dégagée.

On pouvait conclure de là que la flamme d'une bougie placée dans de l'air comprimé diminuerait de volume, tandis que l'intensité de la lumière augmenterait. Effectivement, M. Clément a annoncé que cette expérience avait été faite par M. Montgolfier, l'inventeur des aérostats. Cet ingénieux physicien ayant placé une bougie sous un récipient en verre dans lequel il comprima l'air par le moyen d'une pompe, produisit ainsi une flamme très petite, mais d'une extrême vivacité.

Dans l'éclairage par les matières solides ou par l'huile, la mèche est une des parties principales de l'appareil où s'opère la combustion. Ses fonctions sont d'alimenter constamment la flamme de matière combustible. A cet effet, elle est formée par la réunion d'une certaine quantité de fils placés très près les uns des autres, et faits avec une matière fibreuse, de manière à présenter par leur réunion une multitude de petits tuyaux dans lesquels la matière à brûler s'élève en vertu de l'action capillaire.

Il est donc nécessaire, pour que ces petits canaux ne soient pas bientôt obstrués, que la matière alimentaire soit bien pure, et ne contienne aucun corps étranger.

Lors de l'invention du bec à double courant d'air par Argand, on n'employait, pour alimenter ces appareils perfectionnés, qui depuis ont remplacé en grande partie l'éclairage par le suif et la cire, que de l'huile de poisson; mais lorsque les circonstances politiques eurent interrompu les relations avec les pays qui nous en fournissaient la plus grande partie, on aurait été obligé de renoncer à ce mode d'éclairage, si Carcel, qui inventa plus tard la lampe à mouvement d'horlogerie, n'avait pas trouvé le moyen de purifier les huiles végétales.

Cette découverte eut des résultats extrêmement importans; car depuis l'époque où l'on emploie les huiles végétales, elle a économisé à la France une somme énorme, qui aurait dû servir à payer une matière beaucoup plus dispendieuse, et qui n'aurait produit que la même quantité de lumière.

L'Angleterre emploie encore maintenant, pour l'alimentation des lampes, l'huile de poisson, qui est trois fois plus chère que l'huile végétale. Cette circonstance a singulièrement favorisé, dans ce pays, l'établissement de l'éclairage par le gaz.

Le procédé inventé par Carcel est celui que l'on suit encore pour l'épuration des huiles à brûler. Il consiste à jeter par quantités très petites, dans l'huile violemment agitée, environ 2 pour 100 d'acide sulfurique concentré, à brasser le mélange avec un instrument appelé *rabot*, et à laisser ensuite pendant quelque temps l'acide exercer son action sur l'huile.

On ajoute alors deux fois son volume d'eau, on brasse de nouveau et long-temps, et on laisse enfin reposer toute la masse. L'eau et les matières étrangères se précipitent, et on les soutire jusqu'à ce qu'il s'échappe de l'huile par le robinet.

On verse une seconde fois une même quantité d'eau, et on lave le mélange afin d'enlever les dernières particules d'acide et de matières étrangères qui pourraient se trouver encore en suspension dans l'huile. On laisse reposer, et l'on soutire de nouveau.

Il ne reste plus alors qu'à filtrer, afin d'obtenir l'huile parfaitement limpide ; et les filtres les plus convenables à employer sont ceux faits avec du charbon.

Dans cette opération, l'acide se trouve en quantité trop faible pour exercer aucune action sur l'huile, tandis qu'il se combine avec la matière extractive qu'elle contenait, la décompose, la carbonise et la rend insoluble dans l'huile. L'eau, que l'on ajoute en grande quantité, s'empare alors de cette substance, et l'entraîne avec elle au fond du vase. Il est très important de ne faire usage que d'eau très pure ; car si elle contenait quelques corps étrangers qui seraient encore solubles après l'épuration, ils resteraient en suspension dans l'huile, et leur combustion n'étant pas complète, ils ne tarderaient pas à obstruer les canaux capillaires qui forment la mèche, et à l'encrasser.

L'élévation de la température favorise beaucoup l'épuration de l'huile ; aussi, plusieurs ateliers où se pratiquent cette opération sont-ils chauffés à la vapeur, ce mode étant le plus commode et le moins dispendieux. M. Clément a même fait pénétrer de l'eau en vapeur dans les vases où se faisait la clarification, en y plongeant un tuyau en communication avec la chaudière, et il a obtenu de cette disposition de fort bons résultats.

Cependant, on se borne ordinairement à renfermer l'huile en épuration et les filtres, dans des vases à doubles parois, et à faire circuler la vapeur d'eau entre ces deux enveloppes.

L'une des substances les plus employées pour l'éclairage, après l'huile, est le suif.

Cette matière se trouve dans un grand nombre de tissus animaux. On n'utilise pour l'éclairage que celle provenant des animaux ruminans, parce que seule, elle prend une consistance solide à la température ordinaire.

On appelle *suif en branches*, celui qui se trouve encore tel qu'il a été extrait de l'animal. Dans cet état, le suif est contenu dans une grande quantité de petites vésicules qui l'entourent de toutes parts.

Le peu de soin apporté à la conservation du suif en branches dans les boucheries est une première cause d'altération, et la méthode défectueuse que l'on suit généralement pour fondre et extraire le suif des vésicules qui le contiennent, achève de le détériorer et de lui donner cette odeur si désagréable, qu'on ne parvient jamais à enlever entièrement, et qui caractérise les chandelles mal fabriquées.

Le procédé que l'on suivait généralement il y a peu d'années, et qui est encore pratiqué dans beaucoup de localités pour la fonte du suif, consiste à le découper grossièrement, et à le jeter dans des chaudières de cuivre fortement échauffées. Le suif

entre en fusion, mais ne s'échappe que des vésicules qui ont été coupées. Celui qui se trouve encore renfermé dans les enveloppes qui n'ont pas
été attaquées est bien fondu, car on peut s'en
apercevoir à la transparence des masses qui nagent
dans le bain, mais il ne peut en sortir, et ce n'est
que par une haute température qui, en agissant
sur les membranes qui forment les vésicules
comme sur toutes les matières animales, les force
à se contracter jusqu'à ce que la réaction du suif
parvienne à les faire crever.

Ce procédé détériore le suif par la température
élevée à laquelle il le soumet. Les fondoirs dans
lesquels il est pratiqué répandent une odeur in-
soutenable, qui se propage au loin et qui force à
les reléguer loin des habitations.

Depuis long-temps les parfumeurs, qui ont besoin, pour la préparation de leurs cosmétiques, de
graisse épurée, suivaient une méthode plus ration-
nelle pour la fonte. Ils soumettaient d'abord le suif
en branches à l'action d'un pilon, et une douce
chaleur suffisait alors pour le liquéfier et le séparer
des membranes qui le renfermaient.

Cette méthode est encore la meilleure à suivre;
elle consiste à broyer, par un moyen mécanique
quelconque, le suif en branches, et lorsqu'il est ré-
duit en une espèce de bouillie, à le soumettre à
une température qui ne soit pas plus élevée qu'il
ne le faut pour fondre le suif; on le sépare ensuite
des vésicules déchirées en le faisant passer à travers
un tamis. Il est très avantageux d'employer la

vapeur d'eau pour obtenir la chaleur nécessaire a cette opération, et l'on se sert utilement pour cet objet de chaudières entourées d'une seconde enveloppe, entre lesquelles on introduit la vapeur.

On a employé pour l'épuration du suif des procédés analogues à ceux suivis pour la clarification des huiles végétales, en ajoutant au suif en fusion une petite quantité d'acide sulfurique. Cette méthode paraît abandonnée.

On a proposé, en Angleterre, d'employer, au lieu d'acide sulfurique, une dissolution de tannin (1). Cette substance, ayant la propriété de

---

(1) M. Clément ayant indiqué la source où il a trouvé le procédé employé en Angleterre pour l'épuration du suif, nous transcrivons ici l'article de la *Revue Britannique*, où ce procédé est décrit. Il paraît n'avoir été destiné qu'à l'épuration de l'huile de poisson ; mais le suif étant aussi une matière animale, ce procédé paraît devoir lui être également applicable.

*Purification des huiles de poisson.* Le but de cette opération est de débarrasser ces huiles des matières étrangères qu'elles tiennent en dissolution ou en suspension, dans l'état de simple mélange, et de leur faire perdre l'odeur infecte qui en rend l'emploi si désagréable. M. Davidson, chirurgien de Glascow, qui a fait une longue suite d'expériences sur cet objet si important pour les fabriques anglaises, a reconnu que l'huile de baleine peut être soumise aux procédés ordinaires pour en séparer les substances huileuses, mais que celle des phoques, des morues et des chiens de mer a besoin d'une opération préalable. Comme elle contient de la gélatine que l'acide sulfurique ne rendrait pas insoluble, c'est par une dissolution de tannin rendre les matières animales insolubles, paraît devoir parfaitement remplir le but que l'on se propose, mais elle communique au suif une odeur très difficile à détruire. On a cherché à l'enlever en ajoutant au suif fondu du chlorure de chaux.

On emploie encore pour l'éclairage deux substances extraites des graisses, qui sont désignées sous les noms d'*acides margarique* et *stéarique*. On peut les obtenir par deux procédés différens.

---

qu'il attaque cette matière et la précipite au fond des vases; il ne s'agit plus alors que de séparer l'huile de l'eau de dissolution du tannin et des autres matières étrangères qu'elle peut contenir encore : elle est préparée pour subir l'épuration ordinaire.

Cette opération terminée, il reste encore à faire perdre à ces huiles l'odeur de putréfaction qu'elles ont contractée par les procédés de fabrication, et qui n'a fait qu'augmenter avec le temps. Cette désinfection a plusieurs avantages, et il faut mettre en première ligne celui d'assainir les fabriques où ces huiles fétides sont employées, et où les ouvriers sont dans la nécessité de les manipuler et d'en respirer long-temps les malfaisantes émanations. On a reconnu, en Angleterre, que l'huile de morue est la meilleure pour la préparation des cuirs, à cause de la quantité considérable d'adipocire qu'elle contient. Sans l'addition de cette matière, le cuir ne conserverait pas aussi long-temps sa souplesse; l'adipocire, plus fixe et moins altérable que le cuir, mais trop dure pour être introduite à froid dans le cuir et le bien pénétrer, n'y peut entrer qu'au moyen d'une huile qui la tienne en dissolution. Ainsi, l'huile de morue est décidément la plus précieuse pour les corroieries, et plusieurs fabricans sont persuadés qu'elle leur est absolument nécessaire. Voici comment M. Davidson

Le premier est la saponification. Il consiste à combiner le suif avec de la soude ou de la potasse, et à en former une espèce de savon, que l'on décompose par l'addition de l'acide sulfurique. Les acides margarique, stéarique et oléique viennent nager à la surface du liquide dans lequel le sulfate résultant de la combinaison de l'acide sulfurique avec la base alcaline qui a servi à saponifier la graisse reste en dissolution. On enlève les acides gras par décantation.

On sépare alors les acides margarique et stéa-

---

parvient à la désinfecter, ainsi que les autres, qui ne sont pas moins fétides.

Pour un quintal d'huile, prenez une livre de chlorure de chaux, que vous ferez dissoudre dans une suffisante quantité d'eau. Lorsque la dissolution sera parfaitement claire, faites le mélange avec l'huile, en agitant fortement : l'odeur sera totalement détruite, mais vous aurez une matière épaisse et blanchâtre dont on ne pourrait faire aucun usage. Ajoutez-y alors trois onces d'acide sulfurique étendu dans seize à vingt fois son poids d'eau, et faites bouillir doucement en agitant le mélange. Après l'ébullition, filtrez le liquide encore chaud, afin d'en séparer le sulfate de chaux qui s'est formé ; laissez refroidir et reposer pendant quelques jours : vous trouverez alors une huile limpide et inodore que vous enlèverez de dessus l'eau, qui aura gagné le fond du vase. M. Davidson avertit que la quantité de chlorure de chaux nécessaire pour désinfecter un quintal d'huile peut varier en raison du degré de putridité, et que, par conséquent, il faut avoir toujours un peu de dissolution de cette substance en réserve, afin de pouvoir en ajouter jusqu'à ce que l'huile ait totalement perdu son odeur.

rique, de l'acide oléique, qui n'est pas solide, en soumettant toute la masse à l'action d'une forte presse placée dans un endroit où la température soit basse.

Par le second procédé, on obtient les acides gras par la distillation; mais on ne parvient pas, par cette méthode, à leur conserver l'éclatante blancheur qui distingue ceux provenant de la saponification. L'expérience a prouvé aussi qu'un courant de vapeur d'eau dirigé dans l'intérieur de l'appareil où se fait la distillation, la favorisait beaucoup, et hâtait le dégagement des acides.

M. Gay-Lussac s'est occupé de la fabrication des bougies avec les acides margarique et stéarique, et il a apporté dans cette application les hautes connaissances et l'habileté qui caractérisent tous ses travaux. Il avait fait construire les mèches de telle façon, qu'elles se contournaient en brûlant, et venaient toujours se placer à l'extérieur de la flamme, où elles se consommaient. Cette ingénieuse disposition dispensait de moucher. Mais, malgré cet avantage et la belle lumière que donnent ces bougies, il ne paraît pas qu'elles prennent faveur. Le prix élevé auquel elles devront toujours être vendues sera probablement le plus grand obstacle au développement de cette fabrication, et la perte résultant de la séparation de l'acide oléique, qui est presque sans valeur, et qui forme 40 pour 100 de la totalité de la graisse, empêchera que ce prix puisse diminuer sensiblement.

———